瞧，体型庞大的犀牛，正在"滋滋"地撒尿！

U0276654

走进大自然

为了生存的需要,自然界的动物也会像人类一样相互交流思想感情、传递信息。《动物的交流》这本书介绍了动物之间的各种交流方式。例如狮子和大象会通过身体间的相互摩擦来打招呼;犀牛和蜥蜴会通过在自己居住的地方留下痕迹或者做出威慑性的行动,来保卫自己的地盘,或者阻止其他动物的靠近;青蛙和军舰鸟会采用唱歌、用华丽而漂亮的颜色装扮自己、建造漂亮的房屋等方式求偶,河马和红鹿会采取格斗的方式争夺异性和地盘;蚂蚁和蜜蜂会通过动作、气味和声音等传递信号等。书中不时穿插的动物拟人化的对话,使整本书趣味横生,也使动物之间的交流方式更加生动形象。动物之间的交流在日常生活中并不容易看到,但若是有心,偶尔在公园也能看到,父母们可以和孩子一起留心观察,亲身的体验会有更深刻的印象,也能更加了解动物。

撰文/[韩]朴保荣

大学时学习韩国语言文学,目前从事自己喜爱的文学创作工作。著有《哇!恐龙奥林匹克》《森林深处帽子们的宴会》《让我,让我来帮助你》等书。作者通过写作,很高兴地了解到了自己平时喜爱的动物们是如何交流的。

绘图/[韩]黄美宣

大学时专攻版画,目前作为一名插图家进行作品创作。作品在个人画展和集体画展等众多展示会中展示。绘画作品有《波利啊,请帮帮我!》《从哪里来的呢?》《狮子王的生日》等。

监修/[韩]鱼京演

在韩国庆北大学主修兽医学,专业是野生动物研究,并获取了兽医学博士学位。目前在韩国国立动物园担任动物研究所所长一职。著有《长颈鹿脖子长》《大象鼻子长》等书。

复旦版科学绘本编审委员会

朱家雄　刘绪源　张　俊　唐亚明
张永彬　黄　乐　蒋　静　龚　敏

总 策 划　张永彬
策划编辑　黄　乐　查　莉　谢少卿

图书在版编目(CIP)数据

动物的交流/[韩]朴保荣文;[韩]黄美宣图;于美灵译.
—上海:复旦大学出版社,2015.5
(动物的秘密系列)
ISBN 978-7-309-11290-0

Ⅰ.①动…　Ⅱ.①朴…②黄…③于…　Ⅲ.动物-儿童读物
Ⅳ.Q95-49

中国版本图书馆 CIP 数据核字(2015)第 053217 号

本书经韩国教元出版集团授权出版中文版
上海市版权局著作权合同登记
图字:09-2015-167 号

动物的秘密系列 7
动物的交流
文/[韩]朴保荣　图/[韩]黄美宣
译/于美灵
责任编辑/谢少卿　高丽那

复旦大学出版社有限公司出版发行
上海市国权路 579 号　邮编:200433
网址:http://www.fudanpress.com
邮箱:fudanxueqian@163.com
营销专线:86-21-65104507　86-21-65104504
外埠邮购:86-21-65109143
上海复旦四维印刷有限公司

开本 787 × 1092　1/12　印张 3
2015 年 5 月第 1 版第 1 次印刷

ISBN 978-7-309-11290-0/Q · 98
定价:35.00 元

动物的交流

文/[韩] 朴保荣　　图/[韩] 黄美宣　　译/于美灵

復旦大學 出版社

大家好！我的名字叫伦巴！

我从小就生活在野生动物园，所以和动物们的关系很好。

并且，我也知道动物们是怎样交流的。

要问我是怎么知道的？

那么，我告诉你一个秘诀！

那就是仔细观察动物的肢体动作，并认真倾听他们所发出的叫声。

这样，就可以知道动物间的交流方式了。

朋友们，现在就和我一起，来了解一下动物们的语言吧！

白云飘飘，太阳缓缓升起。

狮子王莱昂睡醒了。

莱昂奔驰在广阔的草原上，发现了刚刚睡醒的狮宝宝。

他轻轻蹭着儿子的头和脖子，

好像在说："孩子，早上好啊！"

狮妈妈则轻轻碰碰小狮子的脸和鼻子，

还一边用舌头舔着孩子身上的茸毛，

好像在说："孩子，早上好啊！"

嗯？大象玛丽好像在和朋友见面呢！

看，她们相互缠绕着鼻子，表示友好呢！

它们用长长的鼻子打招呼说："你好！"这就好像人类在握手问好一样。

亲！真是好久不见哦！最近还好吗？

动物们一般会通过身体间的相互摩擦来打招呼。动物间互相闻体味，是为了确认对方是否是同一个群落的。同一个群落的体味，一般是相近或熟悉的。所以当动物们闻到陌生体味时，就会相互警戒，守护自己的群落。

玛丽，我很好啊！你最近过得也不错吧？

咦，站在草地中央的不正是图图吗？

图图是谁？

图图是一头雄犀牛，它头上长着一双又尖又长的犄角。

哎呀！瞧，图图正在撒尿呢！"滋滋"，喷得好远啊。

其实，犀牛们很喜欢随处撒尿！（小朋友们可不要学它哦！）

就好像在说："这里是我的地盘，谁也别靠近！"

犀牛不仅爱撒尿，还爱排便。原来它是想通过尿液和粪便，来向其他动物表明那是自己的地盘。

这还不算，犀牛还喜欢用后脚踢踢粪便，这样气味就能飘得远远的。（犀牛还真有一招啊！）

哼哼！有我气味的地方，全都是我的地盘！哞————草好眼！

走了这么久，我的肚子开始"咕咕"叫了。

到河边抓几条鱼怎么样？

等一下！站在岩石上的不是蜥蜴吗？

这家伙怎么像是第一次看见我似的！

它紧盯着我看，四肢舒展、臂膀弯曲，好像蓄势待发、准备应战似的？

啊哈！原来蜥蜴是想对我说"这是我的地盘，别乱闯"啊！

嘿嘿！这可是我的地盘！别乱闯！

动物们竭尽全力守卫自己的地盘。因为那是他们繁衍生息的地方。所以动物们会在自己居住的地方，留下痕迹或者做出威慑性的行动，来阻止其他动物靠近。

11

呱呱呱，呱呱呱，这是什么声音呢？

啊哈！原来是青蛙王子弗洛格在深情高歌呢！瞧，它的下巴胀得鼓鼓的！

雄青蛙一般会在夜晚通过鸣囊来发出叫声。

雌青蛙如果喜欢雄青蛙的鸣叫声，它俩就会很快配对。

（伦巴）我啊，以后要是有心仪的女朋友，也一定要像青蛙王子弗洛格一样，为她深情高歌一曲。

咿呀咿呀哟……女神，我的歌声有没有让你陶醉？喜欢我，就和我结婚吧！

什么？你说青蛙的歌声很一般？用这种方式求爱，太老套？

那么我们一起看一下，军舰鸟特殊的求爱方式吧！

雄性军舰鸟的脖子下方长有红色喉囊，他为了在雌性面前出色地表现自己，会把喉囊吹得像气球一样鼓。

这时，就会引起盘旋在空中的雌性军舰鸟的注意。

如果发现心仪的对象，它们就会配成一对。

漂亮的，要不要和我谈恋爱啊？

14

这个嘛……让我考虑考虑之后，再做决定喽！

动物们成年之后，会选择心仪的对象进行配对。为了寻找心仪的对象，它们会倾尽全力，用尽各种方法。一般都是雄性动物为了获取雌性动物的欢心而采取各种方法，诸如唱歌、用华丽而漂亮的颜色装扮自己、建造漂亮的房屋等。

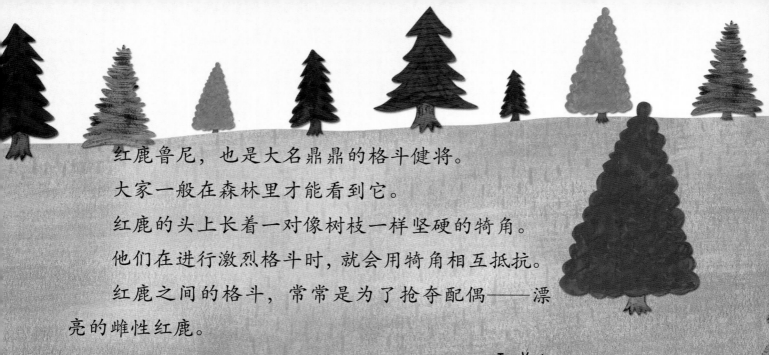

红鹿鲁尼，也是大名鼎鼎的格斗健将。

大家一般在森林里才能看到它。

红鹿的头上长着一对像树枝一样坚硬的犄角。

他们在进行激烈格斗时，就会用犄角相互抵抗。

红鹿之间的格斗，常常是为了抢夺配偶——漂亮的雌性红鹿。

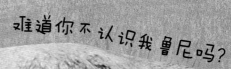

难道你不认识我鲁尼吗？

动物间的相互格斗，一般发生在雄性动物为了争夺雌性配偶，或者有其他动物侵犯领地时。

在格斗中战败的一方只能选择安静地离开。

因此领地的和平与安全，在其他敌人出现之前，都是有保障的。

19

森林里，结满了成串成串的美味果实。
但是，不知道从哪里传来了闹哄哄的声音？
啊哈！原来是蚂蚁们正在辛勤地劳动呢！

蚂蚁的尾部，可以释放独特的气体，为同伴们指引道路和方向。
其他的蚂蚁，就可以闻着气味，找到食物所在地。

这种气味叫作"信息素"。借助"信息素"的作用，蚂蚁们可以
顺利到家，从不迷路。

呜哇！这里有这么美丽的花圃啊！

蜜蜂正在寻找蜜源。

瞧，它们在花朵间走走停停呢！

但是不知怎么回事，蜜蜂突然晃动起屁股，跳起了圆圈舞。

啊哈！原来它是想告诉同伴们，这里有蜜源啊！

跳圆圈舞，就是说"蜜源就在这附近"；

跳 8 字形舞，就是说"蜜源在很远的地方"。

嗡嗡嗡！我也想尝尝甜甜的蜂蜜呢！

孩子们，快来这儿！这里有蜜源！

动物间可以通过动作、气味、声音等传递信号，如蜜蜂跳舞就是告诉同伴们蜜源的位置；狗晃动尾巴就是说它很高兴；蚂蚁释放气味"信息素"是为了辨别方向；红鹿释放气味是为了标记领地范围；雄青蛙发出鸣叫声是在寻求配偶；猴子发出鸣叫声是在告诉同伴们有危险等。

23

哎呦！好累啊！我们一起到树底下休息一会儿吧。

奇怪了，怎么会有一只黑猩猩老盯着我看呢？

从黑猩猩那笑嘻嘻的表情中，我可以猜出它是想和我做朋友。

你要问我是怎么知道的？

这个很简单！

只要看一下黑猩猩的脸部表情，就可以知道它的心情。

黑猩猩生气时，牙齿全部外露，嘴张得很大，真是张牙舞爪。

黑猩猩闹别扭时，嘴巴撅得老高，"哼哼的"，还皱着眉头。

但是黑猩猩高兴时，便露出大牙，笑呵呵的。

对啊！应该给这只黑猩猩起个名字才对呢！

让我想想！黑猩猩啊，从现在开始，你的名字就叫吉吉吧！

我生气啦！别靠近我！

哼！朋友们都出去玩，怎么就不叫我！

嗨嗨！真高兴！

动物也和人类一样，懂得表现自己的喜怒哀乐。大猩猩高兴时，会发出"哼咚哼咚"低沉的笑声；但是生气时，就会用力捶打自己的前胸，并大声喊叫；如果特别生气，大猩猩就会气得直跺脚，那简直就是暴跳如雷。狗生气时，就会竖直体毛和耳朵，战战兢兢，呲牙咧嘴，发出"哼哼哼"的低叫声。而猴子则喜欢相互整理毛发，用来表示好感。

今天也和往常一样，我不仅观察到了动物们的肢体动作，倾听到了它们所发出的声音，而且还结交到了新朋友。

真是太高兴了！

其实，动物们虽然不像我们一样会说话，但是它们却用各种方式相互交流。

你是不是对动物间的交流方式，感到十分惊奇啊？

现在大家都知道了动物间相互交流的方式。

那么，请大家也都像我一样，努力变成动物们亲密的好朋友吧！

去自然博物馆看一看！

到目前为止，我们已经对动物间的交流方式进行了详细的观察。那么，我们要不要直接去自然博物馆，亲自看一看可爱的动物们呢？

自然博物馆，是研究并调查地球上所有生物资源的博物馆。自然博物馆为了让游客们更好地了解大自然中的动植物，一般会分门别类、系统地展示动植物。中国有很多著名的自然博物馆，如北京自然博物馆、上海自然博物馆、天津自然博物馆、大连自然博物馆等。

注意！注意！

通过网站，提前查询好自然博物馆里是否会有相应的展览或体验室。最好和父母一起制定参观路线。

摸一摸！

在自然博物馆里，鸟和昆虫都被制作成标本，供展览使用。观察动物标本时，如果设有触摸孔，可以试着将手伸进去，亲自体验一下触摸的感觉。

想象一下！

自然博物馆设有各种各样的动物模型，如哺乳类、鸟类、爬行类等。观看这些动物模型，你是否能想象到，这些动物行走时的模样？

_____的观察日记

| 观察日期： | 观察地点： |

观察内容

1. 请标出你在自然博物馆所观察到的动物名字。

狮子   恐龙   野猪

蝉   蝴蝶   绿头鸭

2. 请画出你心目中最帅气的狮子。

3. 请写下观察之后的感受。

啊哈！原来是犀牛在划定领地范围啊！